小实验 大道理

科学实验背后的哲理

派糖童书　编绘

1

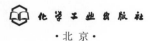
化学工业出版社

·北京·

图书在版编目（CIP）数据

小实验大道理 ：科学实验背后的哲理 ：全三册 /
派糖童书编绘． —北京 ： 化学工业出版社，2023.1
　ISBN 978-7-122-42371-9

　Ⅰ．①小… Ⅱ．①派… Ⅲ．①科学实验－青少年读物
Ⅳ．①N33-49

中国版本图书馆 CIP 数据核字（2022）第 191373 号

责任编辑：龚　娟　　　　　　　　　　　　装帧设计：派糖童书
责任校对：王鹏飞

出版发行：化学工业出版社（北京市东城区青年湖南街13号　邮政编码 100011）
印　　刷：盛大（天津）印刷有限公司
710mm×1000mm　1/16　印张13½　字数90千字　　2023年5月北京第1版第1次印刷

购书咨询：010-64518888　　　　　　　　　售后服务：010-64518899
网　　址：http://www.cip.com.cn
凡购买本书，如有缺损质量问题，本社销售中心负责调换。

定　　价：98.00元（全3册）

目录 contents

瓶中漫游瓶
压力就是动力

准备一个大塑料瓶、一个小玻璃瓶和一个脸盆。

先把塑料瓶灌满水，再给小瓶加水但不加满。然后用手指堵住小瓶瓶口，将小瓶倒扣进塑料瓶里并拧紧盖子。

可是小瓶并没有潜下去啊？

别着急，只要我们挤压塑料瓶，小瓶就可以下潜了，熊熊你来试一试吧。

哇，真的下沉了。

再把手放松，看看会怎样？

小瓶又浮上来了，它真是潜水大师。

科学原理

其实呀，这是个关于浮力的趣味实验。

在这个实验中，小瓶就相当于一个小小的潜水艇，当用力挤压塑料瓶壁的时候，小瓶中的水增加，这个时候它受到的重力大于浮力，小瓶下沉；当松开手的时候，小瓶中的水减少，浮力大于重力，小瓶上浮。

悟出小道理

实验视频

无论在学习、生活中，还是在人生成长的各个阶段，我们都有可能会像小瓶一样，面临一定的外部压力，比如上学时的学习压力，长大后的工作压力等。

有压力并不一定是坏事，因为压力可以帮助我们激发出自己的潜能，让我们变得更高效、注意力更集中。

压力也并不是一成不变的。我们在面对压力变化的时候，可以适当借鉴小瓶的灵活性，及时调整自己的心态，找到自己的位置。

乒乓球的困境
赠人玫瑰，手有余香

实验剧场

 准备空饮料瓶、杯子、乒乓球和塑料盆。

把饮料瓶从中间剪开，只留带有瓶口的这一半，然后把瓶口朝下再放入乒乓球。

会是个有趣的实验吧？好期待。

现在，用杯子往里面加水，注意下面会有少量水流出来，用盆接一下。

咦？乒乓球应该浮起来才对呀。

为了效果更好，可以在水中滴几滴蓝色墨水。

看好了，我要用手掌堵住瓶口。

哈，蓝色水里浮起橘色乒乓球，很像海上日出啊。

4

科学原理

在这个实验中，最初乒乓球堵住了瓶口，乒乓球上方受水压和大气压，下方仅受大气压，上方的压力大于下方的压力，因而沉在水底；用手掌堵住瓶口的瞬间，瓶口底部气压增大，水有一部分到了乒乓球的下面，使整个球周围有了水压，乒乓球产生了浮力就上浮了。

悟出小道理

实验视频

乒乓球被困在底部，虽然没有泄气，却无法依靠自身力量浮到水面上。想想看，如果你是这个乒乓球，陷入了困境，该如何摆脱困境呢？

通过自身的努力固然是值得肯定的，但在生活中，有很多事情并不能简单地依靠自己单打独斗，在必要时，还可以寻求外部的帮助，比如身边的家人、同学、老师等。同样，当别人需要你的帮助时，也应该及时伸出援助之手。

不听话的小纸团
看不见的，不等于不存在

准备吸管、空饮料瓶和小纸团。

团出几个小纸团。

准备就绪！

将一个小纸团放在瓶口内侧，看熊熊能不能用吸管对着纸团把它吹进瓶里。

太简单了。我吹，咦？怎么出来了。再试一次，诶？又出来了。

小纸团为什么吹不进去呢？瓶子里可是什么都没有啊。这不科学。

呵呵，我的乖熊熊，这恰恰是科学。让爷爷给你讲讲科学原理吧。

科学原理

　　小纸团没有被吹进去，反而跳出来了。这是因为塑料瓶看起来是空的，其实里面充满了空气。当我们向瓶口吹气时，使得瓶口附近气压低，而瓶子里气压高，形成气压差，因而里面的空气就会推动着小纸团向外运动，这就是纸团被吹出来的原因。

悟出小道理

实验视频

　　空空的塑料瓶连个小纸团都吹不进去？

　　这个实验的结果不仅令人感到意外，也给了我们很大的启发。

　　看不见的，不代表不存在。我们观察一样东西或判断一件事的时候，不能只看表面，更不能不假思索地简单判断。如果盲目地相信自己的直觉，不经过深入思考和研究，很有可能给出错误的判断，或是得到截然相反的结果。

爬坡的小球
方法总比问题多

 准备一双筷子、玻璃球和架子。

先把两支筷子架起来保持平行，一头稍微架高一些，再放上玻璃球。

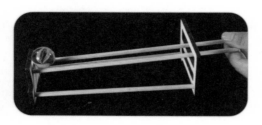

爷爷，您要夹玻璃球吗？

将高处的筷子慢慢向两边移动，看看发生了什么？

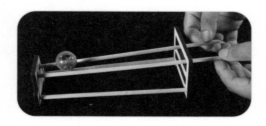

哇，这是玻璃球爬坡的魔术吗？

现在，慢慢将筷子并拢回去，看一看会发生什么。

哈，这回玻璃球正常向下滚动了。好有趣，我要玩一会儿。不过，这是什么原理呢？

科学原理

在实验中，玻璃球放置在倾斜的木筷轨道上，两根筷子之间的距离相对近时，球的重心位置比较高。把筷子岔开更大间距，球的重心下降，球受重力影响，朝着重心下降的位置运动，于是沿着倾斜的轨道运动。我们看到球在筷子形成的轨道上向上攀爬，但实际上它的重心是在往下走，并没有违反重力规律。

悟出小道理

实验视频

在这个实验中，通过移动筷子而赋予小球前进的动力，起到了"四两拨千斤"的效果。相信你在学习或生活中，有时候也会遇到一些难题或困难，这个时候，我们不仅需要挑战自我的勇气，更需要的是开动脑筋，找到突破口，以巧制胜，或许问题就能迎刃而解了。

奇迹水坝
借力使力，撑起一片天地

准备一杯水、纸板和一个盆。

先往杯子里面灌满水。

我知道，我知道，是冻成冰块对吧？

熊熊猜错喽。先用纸板盖住杯口，再用手按着倒立过来。

爷爷耍赖皮，快把手拿开。

现在拿开啦，怎么样？

纸板大坝！

为什么纸板能够托起满满的一杯水呢？这是因为大气压的存在。一个标准大气压是 101.325 千帕斯卡，也就是每平方米产生 101325 牛顿的压力。如果这个杯子的口径是 6 厘米，那么经过计算大气作用在杯子口上的力相当于质量为 29 千克的东西所受到的重力，所以托起这个玻璃杯里的水是妥妥的！那为什么水不会从小孔中漏出来呢？这则是由于水的表面张力的作用，小孔被水面像膜一样密封起来了，空气进不去，水就不会漏出来。

科学原理

悟出小道理

实验视频

一张薄纸板就能托住一杯水，并不是因为这张纸板的支撑力有多强大，而是因为它被放到了合适的位置上，并且借助了水的表面张力和大气压力。

同样的，我们每个人看上去都很渺小并且能力有限，但如果我们能找准自己的位置，并学会借力使力，也能起到令人惊讶的效果，甚至可以像这张纸板一样"撑起一片天地"。

贪吃的瓶子
打铁还需自身硬

准备锥形瓶、打火机、三支小蜡烛和一个熟鸡蛋。

将三支小蜡烛插在去壳的熟鸡蛋的一端，然后用打火机点燃蜡烛。

爷爷，那是我的早餐鸡蛋。

将蜡烛燃烧的这一端插进锥形瓶瓶口，鸡蛋一端朝上，完全挡住瓶口并压紧，然后慢慢观察。

鸡蛋被吸进去了！

可是怎么取出来呢？取出来也不能吃了吧。

这……

科学原理

　　当我们将点燃的小蜡烛插在鸡蛋上，倒扣在锥形瓶口时，蜡烛在瓶子里面燃烧，瓶子内部的温度上升，导致气压升高。当蜡烛熄灭之后，空气冷却，瓶子里面的气压降低，外面的气压不变，形成气压差。于是，鸡蛋就被瓶外的大气压进了瓶子里。

悟出小道理

实验视频

　　剥了壳的熟鸡蛋可能怎么也没想到，自己会被瓶子"吃掉"。如果以为自己长大了，成熟了，就可以毫无顾忌，缺乏忧患意识，我们也可能会像实验中的熟鸡蛋一样，一点一点地陷入困境中还不自知。

　　那么如果是生鸡蛋，还能做这样的实验吗？显然是不能的。在生活中，我们也应该像生鸡蛋那样，用蛋壳保留一层防护，保持一份警惕，这样才能更好地保护自己。

餐刀剑侠
心无旁骛，目标必达

 准备餐刀和一些硬币。

把硬币放在桌面上摞起来，挑选的餐刀不能是锋利的。

 爷爷，不许擅自动我的储蓄罐！

用餐刀迅速削最下面的硬币，挥动手臂时要注意安全，不要伤到他人。

 下面的硬币飞走了，上面的留了下来。

 爷爷我也要玩。是时候表演高超的剑术啦！咦？怎么不成功？

呵呵，诀窍在于速度与精准度，而不是胡乱挥刀。

科学原理

当我们迅速地用餐刀削最下面的硬币时，由于上面的硬币具有惯性，保持不动，这样最下面的硬币就飞出去了。我们就巧妙地得到桌面上一摞硬币中最下面的一个。

悟出小道理

实验视频

如果每项学习任务或是工作项目都有一个关键点的话，那么你可以把这个关键点看作是最底下的那枚硬币。你的注意力越是集中，行动时的准确性会越高，就越有可能高效高质地解决问题，实现你的目标。

而如果我们"胡乱挥刀"，缺乏目标性，就会把硬币打散，结果只会是越来越糟。

纸条抽身
细节决定成败

准备三瓶饮料（一大两小）和一张纸条。

将大瓶放在下面，小瓶倒立放在上面，纸条夹在瓶子中间。准备好，然后迅速抽出纸条。

我来抽，我来抽！

经过几次尝试，熊熊能在瓶子不倒的情况下抽出纸条了。如果换成空瓶子，他还能成功吗？

让我来试一试。

嗯，这次也成功了。看来熊熊已经掌握了诀窍。

秘诀就是：趁瓶子"不注意"，把纸条抽出来，哈哈。

这个实验中，也是惯性在起作用。惯性这个词，也许你不太理解，我们可以这样想，当物体受到外界影响时，它需要时间反应，如果动静比较小，没怎么惊动它，它就不愿意搭理，继续保持着原来的状态。

悟出小道理

实验视频

正所谓"天下武功，唯快不破"，用最快的速度抽出纸条，就不会破坏瓶子的稳定性。而如果速度太慢，瓶子的稳定性就很难保持住了。

在日常的学习或工作中，我们也可以借鉴这个道理，将注意力集中在关键位置或细节上，尝试用速度来创造突破，往往能起到意想不到的效果。

乒乓球钻黑洞
小习惯，大收获

实验剧场

准备一根软管和五个乒乓球。

将塑料软管一端贴近乒乓球，然后上下甩动软管的另一端。

爷爷，你要做自动发球机吗？

乒乓球会被吸入软管，然后从另一端甩出去。加油！把剩下的乒乓球全都吸完。

乒乓球被吸进去，又被甩得到处都是，太好玩了。

爷爷，爷爷，我又把球捡回来了，你再弄一次吧。

乖宝儿，爷爷先歇一会儿，然后给你讲科学原理。

科学原理

当我们迅速甩动软管上部的时候，里面的空气也被带动着迅速旋转，在软管的上部，空气的流速变大，气压变小，软管下部与大气相通，气压不变，下部的气压大于上部气压，这样就产生了一个气压差，乒乓球从下端被压到软管中并从上端甩出。

悟出小道理

实验视频

你听说过"蝴蝶效应"吗？一只南美洲亚马逊流域热带雨林的蝴蝶，扇动几下翅膀，就有可能引起一场龙卷风。这是因为一个简单的动作，会引起气流发生改变，而气流会带来一系列连锁反应，从而导致空气系统出现极大的变化。

一个小小的行为，可能带来令人意外的结果。如果是一个好的习惯呢，坚持下去，你会收获多少惊喜？试一试吧。

吹不落的乒乓球

找对方法，成功一半

准备矿泉水瓶（剪成漏斗形）和乒乓球。

将乒乓球放进"漏斗"，用手指抵在瓶口处。现在考一考熊熊，瓶口朝下，仰着头从瓶口吹气，乒乓球会飞出去吗？

我吹过小纸团，所以，这次我不说。

现在低下头继续吹，再把手拿开，看看会发生什么现象。

呵呵，熊熊已经学会了不轻易下结论呢。

球在那里颤抖不安，却没有掉下来。果然和想象的不一样。

20

科学原理

实验中用了矿泉水瓶的上端，这是一个类似于漏斗的东西。一般情况下，当我们把乒乓球紧贴瓶口下方，松开手时，乒乓球会由于重力的作用掉下来。而当我们把乒乓球还是放在瓶口下方，这个时候从瓶口向下吹气，松开手，乒乓球竟然不会掉下来。这是因为，当我们从上面吹气的时候，乒乓球上方空气流速大，压强小；下方空气流速小，压强大，下方压强大于上方，乒乓球就被托起来了，所以不会掉下来。

悟出小道理

实验视频

越用力想吹走乒乓球，它就越会和你对着干。不是你不努力，而是你把力气用错了地方。

无论是专业课学习，还是掌握一门技能，或是完成一项工作，你都应该找到正确的方式，而不是单纯地使用蛮力。如果你发现自己在做一件事中遇到困难时，或进行不下去时，你也不妨停下来检查一下，看看自己哪出了问题。

功夫图钉
团结不只是力量大

准备一盒图钉、一块木板和一个气球。

将图钉尖朝上，一个挨一个排在一起放在木板上。

我把气球吹好了。

现在，让气球躺在"钉床"上，然后在气球上压重物，比如两本书。

可怜的气球会爆掉，把图钉炸飞吗？

小气球，有功夫吧？

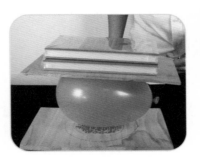

可真神奇，如果只放一个图钉呢？

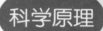

当你用一枚图钉扎一个气球的时候，所有的压力都集中在图钉和气球接触的那个点上，气球很容易就爆了。而把气球放在铺满图钉的"床"上，用力压，气球与图钉接触点多了，这个时候压力就均匀地分散到气球更大的接触面上，所以气球只变形，并不会被扎破。

科学原理

悟出小道理

实验视频

一枚图钉很容易戳破一个气球，而多排图钉分散了压力，承重性更稳定。这个实验带给我们两个启示，一方面在解决实际问题的时候，我们将注意力和行动力聚焦在一个点上，往往能产生意想不到的效果。另一方面，在面对更为复杂的问题或者更为庞大的任务时，和别人一起合作就显得尤为重要，而不能仅仅依靠单打独斗。

万箭穿心
挫折、困难、挑战，勇敢面对

准备塑料袋、水、水盆和四支铅笔。

塑料袋里灌入大量的水，下面接着盆，提起来看看漏不漏。

这是个什么样的实验呢？

拿起削尖的铅笔，从有水的地方将塑料袋穿透。

咦？水竟然不会漏出来。

再穿入三支笔，塑料袋依然没有漏水。

我来拔，嘿！

24

科学原理

塑料袋是有弹性的，当有规则表面的锋利铅笔穿过塑料袋的时候，铅笔的表面和塑料袋接触的地方紧紧贴合在一起，形成了密封层，所以水不会流出来。但如果将铅笔彻底拔出来，原本与铅笔紧紧贴合的塑料袋薄膜，此时与铅笔脱开，水就会从洞里流出来。

悟出小道理

实验视频

即使是"万箭穿心"，水袋也能做到"滴水不漏"。想想看，如果我们也能像水袋一样拥有强大的承受力，那该有多了不起呢？

在面对挫折、困难和挑战的时候，若能如水袋一样勇敢面对并承受住，那么你注定是一个坚强的人，在未来也会成为一个成功的人。

硬币水上漂

角度不同，结果不同

准备一碗水和三枚硬币。

捏住硬币两端，将它轻轻平放在水面上。

多试几次就会成功了。

只要掌握了方法，我们就可以尝试多放几枚硬币。

它们好像夏天漂在水上的虫子。

熊熊说的虫子叫水黾（mǐn）。它依靠水的表面张力漂在水面上。

还真是轻功水上漂啊。

26

科学原理

　　"硬币水上漂"实验中，你会发现当硬币侧放或竖放时，硬币很容易沉下去，而平放时，就会浮在水面上。这是因为硬币在水中受重力和表面张力影响，硬币放的角度不同，受力面积也不同：侧放或竖放时，重力大于表面张力，所以硬币就沉到水底；平放时，硬币与水的接触面大，产生的表面张力大于重力，就会出现硬币浮在水面的现象。

悟出小道理

实验视频

　　硬币放置的角度不同，结果也不同。如果你看问题或判断事物的角度是全面的，就会得到更为科学和准确的答案。

　　与之相反的是，如果我们仅仅通过一个有限的角度去看待事物，就很容易像"盲人摸象"一样，很难得到较为准确和全面的结果。

钢铁潮汐
空杯心态，不断进步

准备玻璃杯、镊子和一把铁钉。

用玻璃杯接水，水面接近杯口，不要冒出来。

又可以做实验啦！

用镊子夹起铁钉放入杯中，放入一定数量后水面会上升。

哈，我想起了乌鸦喝水。

好有趣，我再放一个。

继续放铁钉，直到水面升起而不溢出。

科学原理

往装满水的杯子里放入多根钉子，起初水没有溢出来，因为水具有表面张力。但水位达到一定高度时，压力超过表面张力的临界状态，水就会溢出。

悟出小道理

实验视频

杯子里放入的钢钉越多，水就会越满，直到最后溢出来。做人也是如此，如果总是骄傲自满，就再也难以虚心地去学习吸收各种知识。

我们要努力让自己拥有一种"空杯心态"，把自己想象成为一个空的杯子，不断用知识和技能充实自己、提高自己，这样才能不断进步。

搅局之手

一招不慎，满盘皆输

准备大盘子、胡椒粉、洗洁精。

先往盘子里倒水。

爷爷你是要做胡辣汤吗？

在水面上撒一些胡椒粉，胡椒粉会均匀散开。

胡椒粉漂在水面上，是因为张力吗？

熊熊说对了。在手指上挤一滴洗洁精，然后轻轻触碰水面中心。

哇，胡椒粉散开了，像在逃跑一样。

科学原理

胡椒粉迅速散开是因为洗洁精破坏了水的表面张力。就像我们把一块石头扔进湖里，水面就会出现一圈一圈的水纹，这是石头破坏了水的表面张力导致的。

悟出小道理

实验视频

　　谁能想到，一滴洗洁精会有如此强大的"破坏力"。这个实验蕴含着一个道理，当我们在认真做一件事的时候，应尽可能仔细和认真，减少错误的发生。

　　因为一旦我们粗心大意了，即使是像一滴洗洁精那样微小的错误，也会造成强大的破坏力。举例来说，当我们在做一道数学题的时候，应该保证每一步的计算都是准确的，因为无论其中哪一步出现了小的错误，都会导致最终结果是错误的。

棉签大力神
找到关键点，化繁为简

准备水杯、棉签、打火机、勺子和叉子（勺子和叉子的长度和重量尽可能接近）。

把勺子和叉子插在一起，棉签从叉子中间的缝隙穿过，可参照视频。

将棉签搭在玻璃杯沿上，找到重心位置不掉下来。

哇，小棉签是大力士。

我屏住呼吸等待，居然也没有掉下来。

为了安全起见，还是爷爷来点燃棉签吧。

32

科学原理

在这个实验中，棉签烧光了一部分，平衡竟然都不会被破坏，这其实与物体的重心有关。在这个危险的平衡实验中，我们可以把勺子、叉子和棉签看成一个整体，而它的重心就刚好在棉签和杯子相互接触的那个点上。即使我们点燃杯口里面的棉签头，一直燃烧到玻璃杯沿，只要重心还能落在杯沿上，刀和叉就都可以在那里继续保持平衡。

悟出小道理

实验视频

抓住重点，才能掌握平衡。这个小实验可以带给我们这样一个启发，无论我们做什么事情，学习什么知识，解决什么问题，都可能存在一个关键的点，找到这个点，或许就能化繁为简，得到我们想要的结果。

比如在解决数学题上，计算能力固然重要，但最核心的是对思维能力的培养，只有思维能力提高了，才能在万变的数学题中快速找到解题思路。

铁钉杂技团
独立思考，勇于表达

 准备一些铁钉，先把一枚垂直钉在木板上。

平放一根铁钉，然后其他铁钉的顶帽互相交错排列在这根铁钉的上面，请看图示。

 有些像蜻蜓，只是翅膀多了些。

两侧铁钉排列好，再盖一根铁钉将两侧铁钉的顶帽夹住，如图示。

 两边铁钉数量不同，上下那两根方向也不同。

捏住上下两根铁钉的两端，把所有铁钉架在直立的铁钉上。

铁钉在表演杂技呀！

这些铁钉能保持平衡的秘密，和前一个实验一样。因为这样排列时可以把夹紧的铁钉看成一个整体，经过调整使它的重心刚好落在竖直的铁钉上。当重心得到了支撑以后，这些铁钉就能保持平衡。

科学原理

实验视频

悟出小道理

最下面这根铁钉，是所有铁钉的"主心骨"，如果没有它做支撑，其他的铁钉就会如同一盘散沙。

其实做人做事也是这样的，我们应该从小就努力做个有主见、有独立想法的人，能够独立思考和勇于表达观点，锻炼自己的领导能力，只有这样才能在日后成长为某个领域的带头人，才能在未来有所成就。

危险铁三角
合作无间，孤掌难鸣

准备水杯、三把餐刀和三瓶汽水。

将三瓶汽水摆成一个等边三角形。

做完实验就可以喝汽水啦。

将三把餐刀相互交叠架在汽水瓶上，可参照图示或视频。

请不要使用锋利的刀具哦。

将杯子轻轻放在上面，再倒入水。

虽然没掉下来，不过看起来很危险啊。

科学原理

在这个实验中，最关键的步骤就是三把餐刀（假设编号分别为 A、B、C）的叠放：A 压 B，B 压 C，C 压 A。在刀上放水杯，往水杯里加水，水杯和水的压力施加在三把刀上，通过刀柄传递到汽水瓶上，汽水瓶立在桌面上，这样整个体系得以保持平衡。

悟出小道理

实验视频

如果换作是一把餐刀或两把餐刀，水杯还能保持稳定吗？显然是不能的。在这个实验中，三把餐刀是一个小的团队，形成了一种稳定的"合作关系"，缺一不可。

在实际生活中，你会发现，并不是所有的事情都能依靠一个人的力量来完成，越是复杂的问题或庞大的任务，往往越需要与别人一同完成，所以培养合作的精神是非常重要的。

硬币叠罗汉

打破常规，创新无限

实验剧场

 准备一些硬币。

将硬币放在书上排成两列，最外面的两枚硬币探出一小半。请参照视频。

再见了，小猪储蓄罐。

在两枚硬币之间继续叠放硬币，一个压两个。

爷爷加油。

请保持耐心继续堆叠，把硬币向外接出去。

爷爷，我也想试一试。

科学原理

在这个实验中，悬空的硬币有要掉下去的趋势，叠在其上方的硬币压住了它们。就像一根筷子搭在桌子边上快要掉下去的时候，有一只手压住了筷子，这样筷子就不会掉下去了。书上堆叠的厚厚的几层硬币就像这只"大手"，压住这些悬空硬币，不让它们掉下去，从而保持所有硬币的平衡稳定。

实验视频

悟出小道理

你是不是也很难相信，硬币可以悬空探出书那么远！

很多时候，限制我们的其实是我们固有的想法和经验。所谓创新，就像悬在空中的那些硬币一样，需要我们勇敢地跨出去，打破常规，即使摔倒几次也没关系，相信最终我们总会找到办法的。

气球的魅力

锋自磨砺，香自苦寒

准备两枚硬币、一根棉签和一个吹好的气球。

将一枚硬币平放，另一枚直立放在上面，可以用胶粘牢。

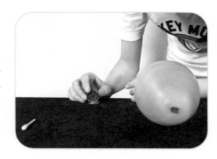

会是个什么样的实验呢？

小心将棉签平放在侧立的硬币上，不成功就多试几次。

我来试一试。

快速在头发上摩擦气球，然后靠近棉签缓缓移动。棉签也开始移动啦！

爷爷，在我头上摩擦吧，我头发多。

40

在这个实验中，其实是静电在起作用。静电是怎么来的呢？原来把气球放在头发上摩擦就会产生静电。静电可以吸引轻小的物品，当带静电的气球靠近棉签时，棉签就动起来了。需要注意的是：如果带静电的气球突然靠近棉签，棉签可能会从硬币上掉下来。如果想要保持棉签在硬币上的话，一定要慢慢地去靠近哦！

悟出小道理

实验视频

气球如果没有经过反复的摩擦，就很难产生有吸引力的静电，小棉签也就不会被它吸引。

同样的，在我们成长的过程中，也会经历很多的"摩擦"，特别是那些让你感到痛苦的事情，比如学习、锻炼身体、人际关系等。

正是这些让你感到痛苦的事情，能够让你经过磨炼变得强大，帮助你成为一个内心坚强而有力量的人。

筷子提米
聚沙成塔，积水成渊

准备一根木筷子、矿泉水瓶和大米。

将大米灌入矿泉水瓶，瓶口附近留些空间。

灌大米时不要撒到地上。

将筷子的三分之一插入大米，然后振一振瓶子。

看来要尽量插到中心位置呢。

向上提起筷子，就能将整瓶大米提起来了。

如果我们快速将筷子提起，会怎样呢？

42

科学原理

　　在实验中，由于瓶子内米粒与筷子之间的挤压，使瓶子、筷子和米粒紧紧地挤在一起，这样瓶子、筷子和米粒之间的摩擦力增大。将筷子向上提起，米粒和瓶子由于摩擦力的作用阻碍筷子向上运动，结果筷子反而将米粒和瓶子一起提了起来。

悟出小道理

实验视频

　　一粒米的力量是渺小的，但很多米粒聚积在一起，所产生的摩擦力令人感到惊奇。同样，一滴水也很渺小，但无数的水滴汇集在一起时，就能形成波涛汹涌的大海。

　　从世界的角度来看，我们每个人其实也是很渺小的，就像是一粒米、一滴水，能够产生的力量极为有限。不过，若是我们每个人都能为世界贡献一份力量，团结在一起，那么这个世界将会变得越来越好。

麻绳起重机
反过来想，
问题变得更容易

实验剧场

准备锡纸、粗麻绳和一个细颈玻璃瓶。

把锡纸团成团儿放入瓶中，再把绳子也放进去。

锡纸团会有什么作用呢？

把瓶子倒过来，轻轻拉动绳子，让锡纸团卡在瓶口。

很像电视剧里的手榴弹啊。

哇，绳子起重机，让我玩一会儿。

不可以转圈甩哦，瓶子会飞出去的。

科学原理

在实验中，锡纸团、绳子与瓶口之间的摩擦力使绳子可以提起瓶子。

悟出小道理

实验视频

同样的一根麻绳，换个方向将瓶子倒过来，就能借助纸团将瓶子提起来。做完这个实验，你是否发现，有时候当我们遇到一些问题且毫无头绪时，不要"一条道跑到黑"，可以试试逆向思维。

所谓逆向思维，就是从事物的反方向来思考问题，这种思维方式有时能带来意想不到的收获。例如英国物理学家法拉第，受到电流可以产生磁场的启发，通过逆向思维，发现磁作用也可以产生电，于是经过不懈努力，发明了世界上第一台发电装置。

插页的力量
熟能生巧，游刃有余

实验剧场

准备两本厚书。

翻开书，把两本书的书页互相交叠压在一起。

用什么方法能快一些呢？

两边的手指慢慢往后移，让相互交叠部分大概占书页的三分之二。

好像是在洗扑克牌。

书页都插好之后，抓住书脊向两边拽。

咦？怎么会拽不开呢？

摸一摸书中的纸，你就能感觉到，每一页都是粗糙的，每一页纸也是有重量的，所以上面的纸对下面的纸是有压力的。压力在粗糙的纸上会产生摩擦力，两本书一页一页地叠起来，压力会随着书页的增多而加大，摩擦力也随之增大，两本书就紧紧地结合在一起分不开了。

科学原理

悟出小道理

实验视频

两本书相互交叠的地方越多，摩擦力就越大，越难被分开。这里有一个小小的启发是，我们在学习一门知识的时候，越是重复地去练习，我们的记忆就会越强烈，对知识的掌握程度就会越熟练。

例如背 10 个英语单词或学习 1 个数学公式，若是学完之后一段时间不复习，很容易忘个干净。但如果是隔三差五地去记忆和练习，就很容易牢牢记在脑中，成为自己的知识。

吸水蜡烛
压力无形，动力前行

准备杯子、盘子、打火机、蜡烛和颜料。

盘子里的水混入颜料，再将蜡烛放在盘子中心点燃。

会是个有趣的实验吧。

将玻璃杯倒扣在点燃的蜡烛上。

我有点儿想起那个煮鸡蛋了。

蜡烛逐渐熄灭，不过盘子里的水会被抽进杯子里。

很像拔火罐啊！

科学原理

在这个实验中，蜡烛的燃烧消耗了杯中的氧气，里面的空气压力小了，大气压就把水压入杯中导致水面上升。如果只是因为消耗氧气而水面上升的话，那么水面应该在蜡烛燃烧过程中均匀上升。但是水面是在蜡烛熄灭之后快速上升的，这是为什么呢？

原来，蜡烛燃烧时会加热空气，空气受热膨胀，气压增大，抵御了杯子外面的大气压。当蜡烛熄灭的时候，空气冷却，杯子里面的气压骤降，外面的大气压就把水一下子压进杯子里，我们也就能看到杯子中的水面迅速上升。

悟出小道理

实验视频

如果没有大气压，杯子里的水是不会上升的。大气压就像一双看不见的手，把水推进了玻璃杯里。所以说：看不见的，不代表不存在。我们在学习和生活中也会遇到一些无形的压力，但这并不是坏事，一定的压力可以成为你前进的推动力。只是当压力太大时，也可能会对身心健康不利，需要及时调整自己的心态，也可以多和身边的人交流来疏解部分压力。

珠串飞瀑

火车跑得快，全靠车头带

准备一条长珠串和一个玻璃杯。

如果没有珠串，也可用便宜的项链连在一起。

爷爷，那好像是妈妈的两条珠串吧。

将珠串一点一点地装入玻璃杯中。

这样就不会纠缠在一起了。

留一小段珠串在外面，然后往下一拉。会发生什么现象？

哇，后面的珠串像瀑布一样流下来了。

科学原理

　　我们会发现，珠串自动从杯中跑出来，沿着最初拉的方向下落到桌子上，并且速度越来越快，这是为什么呢？原来，珠串的一端向下落，它的重力势能转化为动能，带动杯子里的珠子运动。更多珠子的重力势能转化为动能，速度就越来越快，也会带动更多的珠子落下来。

悟出小道理

实验视频

　　"火车跑得快，全靠车头带"。整条珠串在一端珠子的带领下快速地离开了杯子。

　　随着你的成长，你会发现这个世界上很多事情都不能仅仅依靠自己的力量，而是需要很多人一同参与才能完成。参与合作的人越多，越需要一个带领大家行动的"主心骨"，这样的人就是有领导力的人。

　　如何成为有领导力的人呢？我们从小应该努力培养独立思考的能力，有自己的判断力，既要懂得虚心听取别人的意见，又要有自己的主见，并且在关键时刻能站在最前面，带领团队一起行动。

无尽的旋涡
团结一致，万众一心

准备两只大小相同的饮料瓶。

先将两个瓶盖的顶部粘在一起，中间打孔相通，成为双向瓶盖。

一只瓶子灌了大约四分之三的水。

用双向瓶盖将两个瓶子接在一起，有水的瓶子立在上面，然后摇出旋涡。

捧着上面有水的瓶子摇才有效率。

是啊，只要你喜欢，就能让旋涡反复循环下去。

爷爷，这个瓶子有些像沙漏啊，旋涡可以让水流下去。

在实验中，用力摇瓶子的时候，瓶壁会给水很大的支持力，从而给水提供了向心力，水有了足够的向心力，就会在水平面内旋转起来。我们在瓶盖中间开了孔，水就顺着孔流入另一个瓶子中去，从而形成我们看到的这种旋涡现象。

科学原理

悟出小道理

实验视频

正是因为有了向心力，水才能旋转起来，形成旋涡。其实小到一个班集体，大到一家企业，甚至是一个国家，都需要有一种"向心力"，都要爱护集体荣誉、把集体的利益放在首位。

有了向心力，大家才能团结一心，行动一致，集体的利益得到充分的保障。相反的是，如果没有向心力，大家各有各的主意和行动，集体就会像一盘散沙，始终无法团结起来，最终受到损失的其实是集体中的每个人。

热闹的玻璃杯
相互独立也相互依存

准备油、颜料、泡腾片、高脚杯或玻璃杯、滴管或吸管。

先往高脚杯中倒入一小半水，再倒入一多半油。

哇，油和水分开了。

往下层的水中加入几滴颜料，颜料会沉入水中。

咦？只有水变颜色了。

将泡腾片加入这杯液体中，会发生什么现象呢？

哇，杯子里面好热闹，泡腾片真好玩。

54

科学原理

> 　　油和水是两种互不相溶的液体，水的密度比油大，所以会出现明显的分层现象，水在下面，油在上面。泡腾片遇到水后会产生大量二氧化碳气体，而且泡腾片本身不与油发生反应，当气泡带着有色的水冲出油层，看起来就像水油翻滚。

悟出小道理

实验视频

　　同样都是液体，水和油的密度不同，无法溶解在一起，放在一起会有明显的分层。其实在人际交往的过程中也是这样，你会发现每个人都有不同的性格，有不同的兴趣爱好，就像杯子中的水和油一样，虽然挨在一起，但都是相互独立的。

　　世界由一个个独立的人组成，我们既需要相互依存，也应该尊重每个人的独立性，这样才能更好地与这个世界相处。

试管彩虹
计划得好，才能做得好

实验剧场

准备试管、五个纸杯、五种颜料、蜂蜜、洗涤剂、水、油和酒精。

先将混有颜料的蜂蜜倒入试管，再加入洗涤剂。

不同的液体，混合不同的颜色。

继续将混有颜料的水加入试管中，再倒入色拉油。

颜色渐渐分层了。

最后将红颜料和酒精加进去，静置一会儿就做成试管彩虹了。

摇一摇会怎样呢？

科学原理

为什么会出现这种现象呢？主要是因为这五种溶液是互不相溶的，并且由下到上，液体的密度是逐渐降低的，比较轻的液体在上面，所以出现了分层现象。

悟出小道理

实验视频

如果把密度大的放在最上面，还会出现这么漂亮的分层吗？答案是否定的。这个实验给我们一个启发是，如果做一件事情需要多个环节，那么必须事先安排好步骤，想好先做什么后做什么，因为顺序改变了，结果可能会有明显的不同。

比如盖一栋房子，一定是先打好地基，再搭建框架，最后是安装门窗。顺序搞错了，不仅房子盖不起来，还浪费了不少时间和金钱。

飞水摩天瓶

少成若天性，习惯如自然

准备剪刀、绳子、塑料瓶。

剪开饮料瓶，只留下半部分。

爷爷怕我被剪刀划伤，所以由他来剪。爷爷，谢谢你！

用剪刀在瓶口两侧各穿一个孔，再穿入绳子打结做拎手。如图所示。

爷爷，应该先穿绳子再倒水才对吧？

哈哈哈，爷爷糊涂了，应该后倒水才对。不过既然已经穿好了，那就甩起来！

哇，好厉害呀！

科学原理

是不是和你想象的不一样？

这主要是因为离心力的原因。当水杯在做圆周运动的时候，杯子里的水会产生远离圆周中心运动的倾向，由于杯底会束缚住水向外运动，所以水就会固定在杯子里面，不会洒出来。在物理学上，使旋转的物体远离它的旋转中心的惯性作用，被用一个概念"离心力"来描述。这理解起来有点困难，等你以后学到物理的时候，就会了解到了。

悟出小道理

实验视频

水杯里的水之所以没有洒出来，是因为惯性的作用。惯性有点像我们生活中的习惯，习惯一旦养成，就会在暗中影响和支配我们的行为。

比如养成每天读书的好习惯后，我们一有时间，就会不自觉地拿起书来阅读，久而久之，不仅阅读能力提升了，而且知识也变得越来越丰富。

当然相反的是，如果我们养成了一个坏习惯，比如无节制地吃零食、玩游戏，那么日积月累，一段时间后会给你带来哪些影响呢？想想看。

纸巾铠甲
找到自己分散压力的办法

准备纸巾、橡皮筋、食用盐、吸管和硬纸筒。

把纸巾包在纸筒底部的一端，用橡皮筋扎紧，做成一个"纸杯"。用吸管戳一下底部的纸巾。

哇，轻轻一下就破了。

如上重新再制作一个"纸杯"，再倒入半杯食用盐，均匀平铺。

食用盐的作用是什么呢？

现在让熊熊再用吸管戳一戳纸巾，看看能不能戳破。

咦？纸巾竟然变结实了，好神奇。

科学原理

是不是很神奇呢？同样的纸巾是不是第二张被施了什么魔法呢？第一次戳的时候，直接作用在纸上，纸的受力面积比较小，压强大，所以纸很容易就被戳破了；第二次，我们在里面倒入一些食盐，我们再用力戳的时候，由于食盐的存在，使得纸巾的受力面积变大，压强变小了，所以纸就不会破了。

悟出小道理

实验视频

如果没有食盐，纸巾很容易在压力的作用下被戳破。其实无论是纸巾，还是我们自己，都有可能会面临各种各样的压力，如果压力太大，难免会对身心造成伤害。

那么压力大了怎么办呢？这时候你需要"一把盐"来帮助自己分散压力，比如听听音乐、看看书、做做运动，也可以多和身边的人交流。总之，别让压力压垮自己。

智慧手套

智慧在手，办法总有

准备纸杯、甘油、洗涤剂、吹泡泡圈和棉手套。

将洗涤剂和甘油在纸杯中混合，然后吹泡泡。

手指一碰就破了，爷爷再多吹一些吧。

现在，戴上棉手套来托起泡泡吧，看看会发生什么有趣的现象。

哈，可以托着泡泡玩啦！

熊熊啊，爷爷先给你讲，手套为什么能托起泡泡吧。

爷爷，帮我弄一大瓶泡泡液吧，我要出去吹泡泡玩。

科学原理

在这个小实验中，第一次我们直接用手接触泡泡的时候，泡泡破裂。第二次，我们戴上棉手套，泡泡一直没有破裂。这是为什么呢？现在来揭秘，第一次泡泡破裂是因为手掌比较干燥，温度较高，接触的时候，泡泡上的水被快速蒸发，破坏了泡泡的表面张力，所以泡泡破裂了。第二次我们戴上棉手套，因为棉布手套上有很多绒毛，绒毛让泡泡与手套的接触面积变小，几乎没有影响泡泡的结构，所以不会破裂。

悟出小道理

实验视频

同样是用手触碰泡泡，换个方式泡泡就不会破裂了，是不是很神奇？在遇到问题的时候，我们可以稍微灵活一些，换个方法，或许就能得到我们想要的结果。

比如在科学研究中，科学家们经常也会遇到各种难题和挑战，但方法总比问题多，一种方法不行就尝试另一种。就是经过不断的尝试和探索，科学家们才突破了一个又一个难题。

"跟风" 的球

做个有想法、有主见的人

实验剧场

 准备吹风机、乒乓球和气球。

先打开吹风机朝上吹冷风，将乒乓球放在风口上。

乒乓球竟然没被吹飞！

再把吹好的气球放在气流上，看看会如何？

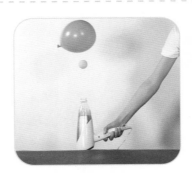

哇，都飘起来了，好好玩。

如果你慢慢移动吹风机，会出现什么现象呢？

我也要玩一下，吹着它们往前跑。

我们用吹风机能够吹出较强的风，当风速比较大的时候，就会产生比较大的力。比如在平时风大的时候，我们迎着风走会感觉很吃力，顺风就会很省力，这就是风给我们的力。乒乓球比较轻，只要较小的力就可以把它托起来，所以电吹风吹出来的风就可以把它托起来。在乒乓球上方加上一个气球，因为乒乓球只挡住了一部分风，其余的风就很好地托起了气球。

悟出小道理

实验视频

吹风机吹向哪里，乒乓球就摆向哪里，是不是很没主见，有一种人云亦云的感觉？如果你想成为一个真正有主见、有想法的人，那就最好不要像乒乓球那样。

在生活中，你要知道，别人说的话不一定都是对的，所以，聪明的人都会对别人说的话有自己的判断，而不是人云亦云、随声附和。

白纸变长条
心中有大局，眼中有细节

准备剪刀和一张A4纸。

裁剪魔法，白纸变长条。将白纸长边对折，在开口一面剪出宽度相等的条，但别把纸剪断。建议看视频哦。

爷爷的魔法棒是一把剪子。

现在把纸翻转过来，从另一边剪同样的竖条，最后将纸条的连接处剪开就完成了。

爷爷加油！

施展这个魔法最重要的是耐心。现在将纸条展开，熊熊你看。

哇，纸条打开后竟然有这么长！

科学原理

　　一条线可以看作是由许许多多的点组成的，同理，一个面可以看成是由许许多多的线构成的。所以把一张纸剪成许许多多很窄的细条的话，就会发现这些细条可以构成很大的一个圈圈。是不是很神奇？

悟出小道理

实验视频

　　没想到，一张普通 A4 纸竟然可以剪出这么大的一个圈儿。正如上面讲到的，一条线可以看作是无数个点构成，一个面可以看作是无数条线构成，一个立体也可以看作是无数个面构成。

　　我们在观察事物时，既可以看整体，也可以将其细分，多思考它的构成。我们既要有大局观，也要有细节意识，只有这样才能做到全面思考。

知识点参考列表